ANIMALES SUPERCAMUFLADOS

I0794400

BLACK RABBIT BOOKS

MEG GREVE

ÍNDICE

1

El camaleón

¿De qué color son los camaleones? ¡Depende! Pueden cambiar de color según su estado de ánimo. Uno tranquilo puede ser de un verde claro. Uno enojado puede volverse rojo o amarillo. Está listo para pelear.

Los camaleones tienen un camuflaje natural. Se mimetizan con lo que los rodea. ¿Cómo? Su piel es transparente. Debajo de la piel, tienen capas de células de colores especiales. Cuando estas células se hacen más grandes o más pequeñas, el camaleón cambia de color.

¿Sabías que...?

Los camaleones también cambian de color para refrescarse. Un color más claro refleja el calor del sol. Un color más oscuro absorbe el calor.

2

El dragón marino

Los dragones marinos foliáceos se parecen a las algas marinas. Se esconden en ellas. Los dragones marinos foliáceos también pueden cambiar de color. Se balancean como las plantas cuando el agua se mueve.

Los dragones marinos foliáceos viven en el océano cerca de Australia. Sus cuerpos son marrones o amarillos. Las pequeñas aletas redondas de sus cuerpos parecen hojas. Los dragones marinos comunes viven en la misma zona. Son rojos, amarillos y morados. Sus aletas son como plumas. Se mimetizan con el fondo marino.

¿Sabías que…?
Los dragones marinos son nadadores lentos. Se esconden para evitar ser devorados.

3

El bicho palo

El bicho palo se queda quieto en su lugar. Esto confunde a sus enemigos. Su aspecto es idéntico al de una rama de árbol que los depredadores nunca comerían. El bicho palo puede incluso balancearse hacia adelante y hacia atrás al caminar. Los depredadores piensan que es una ramita que se mueve con la brisa.

La mayoría de los bichos palo son marrones o verdes. Pueden ser tan pequeños como media pulgada (1,3 centímetros) o tan largos como 13 pulgadas (33 cm). Los bichos palo viven en todo el mundo, excepto en la Antártida.

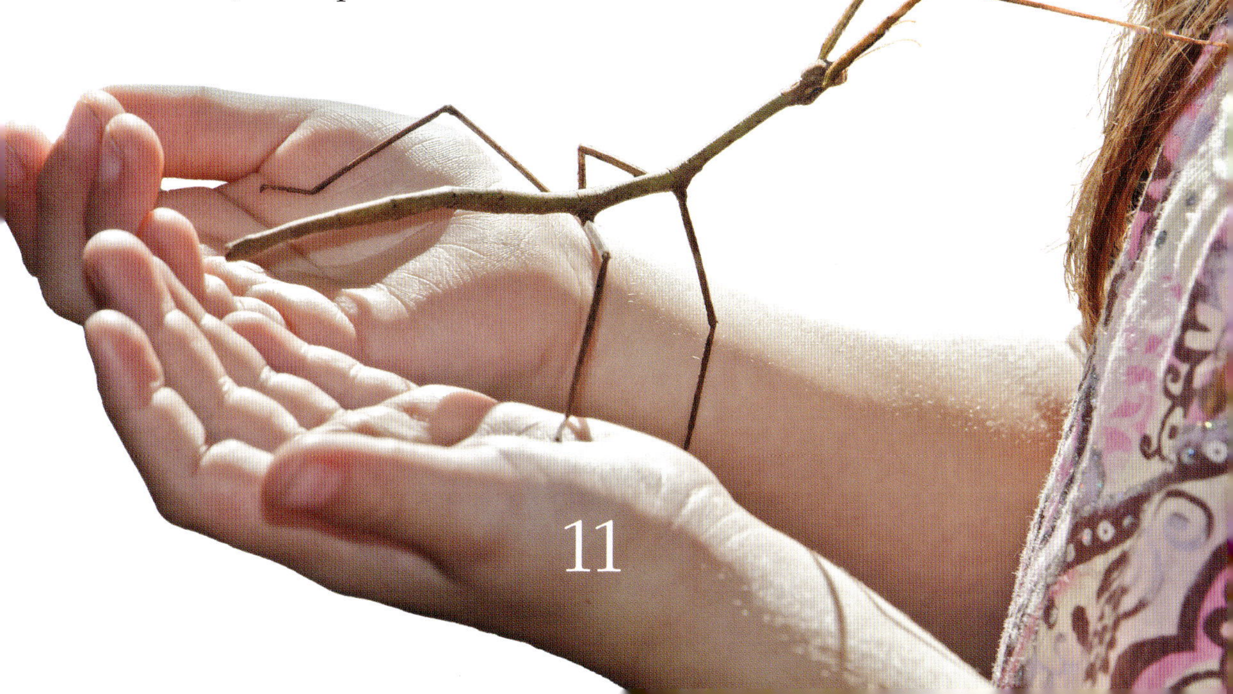

¿Sabías que…?

Cuando son atacados, algunos bichos palo pueden quitarse una pata para escapar. Pueden regenerar una nueva pata.

El coyote

4

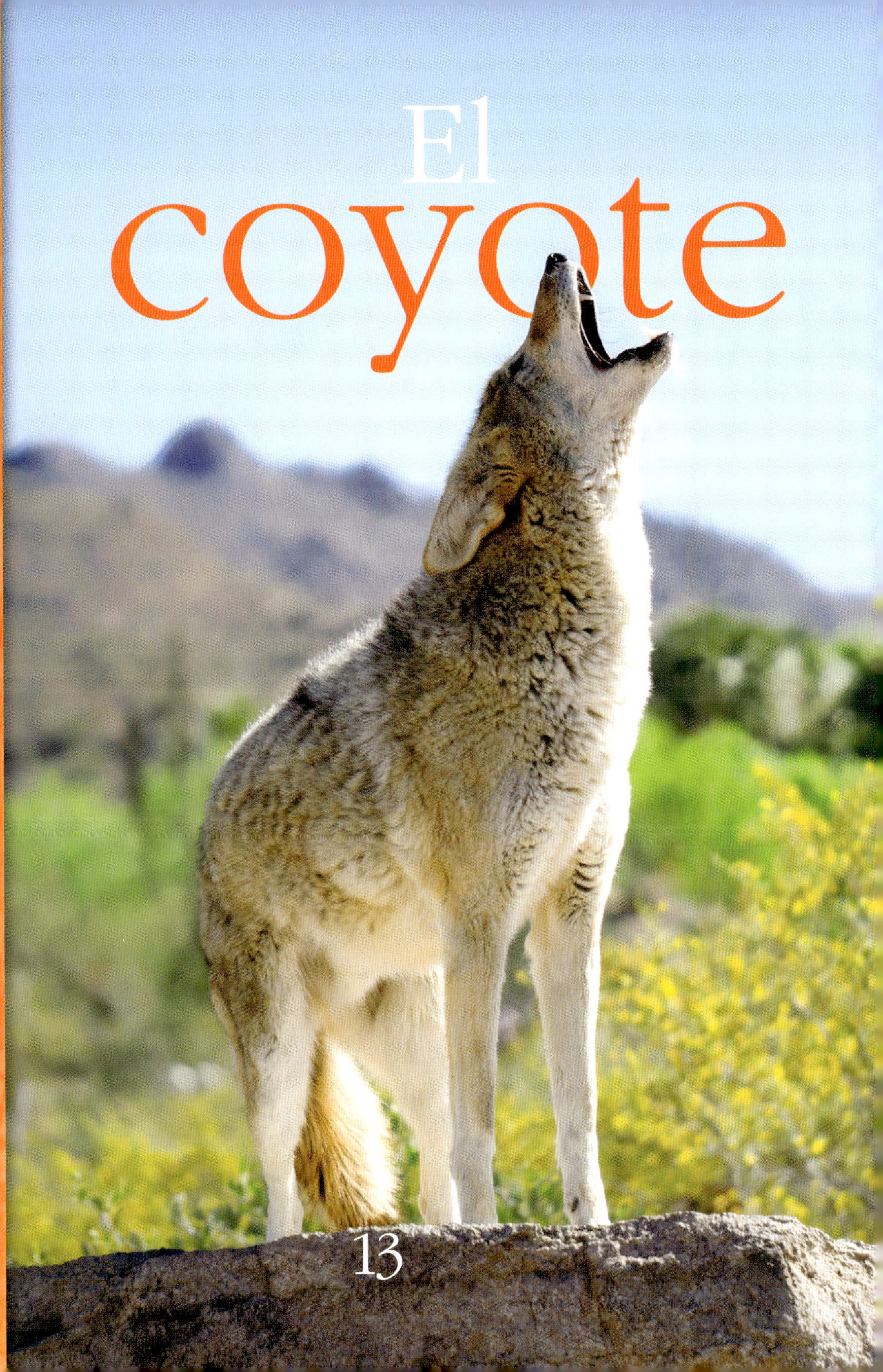

Los coyotes viven en praderas, desiertos, bosques y montañas. Incluso se han instalado en ciudades y barrios. El pelaje de un coyote coincide con el lugar donde vive. Puede ser gris o marrón claro.

Los coyotes cazan pequeños mamíferos, pájaros y serpientes. Utilizan sus sentidos de la vista y el olfato para acechar a los animales. Su espeso pelaje les permite simular que desaparecen. Sus presas no tienen posibilidad de escapar.

Los coyotes viven juntos en familias. Les gusta cazar solos. Las hembras de coyote tienen de 4 a 7 crías cada primavera. Ambos padres alimentan y cuidan a las crías.

Piensa en esto

Los coyotes se han **adaptado** a la vida en la ciudad. Investiga qué otros animales han hecho lo mismo.

5

La liebre de las nieves

Las liebres de las nieves tienen dos formas de protegerse. Primero, intentan esconderse. Si eso no funciona, huyen. ¡Pueden correr a 27 millas (43 kilómetros) por hora!

El pelaje de las liebres de las nieves cambia con las estaciones.
En invierno, su pelaje es blanco. Se mimetizan con la nieve. En verano, su pelaje es marrón rojizo. Se mimetizan con la tierra y las rocas.

A los depredadores les cuesta encontrarlas. Si lo hacen, las liebres pueden saltar 10 pies (3 metros) de un solo salto. Luego escapan.

¿Sabías que...?

El pelaje de la liebre tarda aproximadamente 10 semanas en cambiar completamente de color.

6

El pez piedra

Los peces piedra se esconden en aguas **poco profundas** de los océanos Índico y Pacífico. Cavan en el barro o la arena. Es difícil detectarlos.

Un pez piedra espera a que pasen peces pequeños y camarones nadando. Puede permanecer en el mismo lugar durante muchos días. Una vez que su presa se acerca, el pez ataca rápidamente. Abre la boca. Luego succiona al animal como si fuera una aspiradora.

El pez piedra también es **venenoso**. El veneno está en las espinas de su espalda. ¡No pises a este pez!

Piensa en esto

¿Cómo podrían el camuflaje y el veneno ayudar al pez piedra?

MÁS PARA EXPLORAR

¿EN QUÉ PARTE DEL MUNDO?

LIEBRES DE LAS NIEVES
América del Norte

COYOTES
América del Norte y América Central

BICHOS PALO
En todo el mundo excepto la Antártida

CAMALEONES
África, Asia, Europa y Madagascar

DRAGONES MARINOS
Costa de Australia

PEZ PIEDRA
Océanos Índico y Pacífico desde el Mar Rojo hasta la Gran Barrera de Coral

MÁS PARA EXPLORAR

DATOS FANTÁSTICOS

Los camaleones machos son más coloridos que las hembras.

Los coyotes cantan y aúllan por la noche.

Como los peces piedra están tan bien camuflados, no es fácil verlos. Es mejor que la gente nade en lugar de caminar en aguas costeras poco profundas.

La única parte del pelaje de la liebre de las nieves que no cambia son sus orejas. ¡Tienen puntas negras en las orejas todo el año!

Los dragones marinos machos transportan los huevos que pone la hembra.

¡Los bichos palo ponen hasta 1500 huevos!

MÁS PARA EXPLORAR

COMPARACIONES INTERESANTES

¡Encuentra al animal! ¿Cuál crees que tiene el mejor camuflaje?

Camaleón

Dragón marino

Bicho palo

Coyote

Liebre de las nieves

Pez piedra

MÁS PARA EXPLORAR

RECURSOS

Glosario

acechar Perseguir a una presa de manera furtiva.

adaptarse Cambiar para que sea más fácil vivir en un lugar diferente.

camuflaje Coloración o cobertura que oculta a un animal en su entorno.

mamífero Un tipo de animal con pelo o piel que bebe la leche de su madre.

poco profundo Un área de agua que no es muy profunda.

pradera Un área grande y plana con pocos árboles y cubierta de hierba.

venenoso Capaz de picar o morder con veneno.

Índice alfabético

TOP RANK es publicado por Black Rabbit Books, P.O. Box 227, Mankato, MN, 56002. • COPYRIGHT © 2025 Black Rabbit Books. Derechos de autor internacionales reservados en todos los países. Prohibida la reproducción total o parcial de este libro en cualquier forma sin permiso escrito del editor. • Top Rank un sello de Black Rabbit Books • Editado de Alissa Thielges • Diseño de Danny Nanos • Fotografías © Dreamstime/Elf0724, 8, Tsrapp, 6–7, 21; Shutterstock/Baishev, 4, 21, David W. Leindecker, 11, FotoRequest, 23, JayPierstorff, 13, Jim Cumming, 16, 17, 18, 21, John A. Anderson, 19, 21, 23, Kuttelvaserova Stuchelova, cover, 5, Lost_in_the_Midwest, 10, 21, 23, Luca Bertalli, 23, Mark Brandon, 12, mashe, 2, Mike Truchon, 15, 21, 23, Rich Carey, 20, Richard Seeley, 18, RobDemPhoto, 14, Roser Gari Perez, 9, 23 • Impreso en China

Library of Congress Cataloging-in-Publication Data: Names: Greve, Meg, author. | Title: Animales supercamuflados / by Meg Greve. | Description: Mankato, MN : Black Rabbit Books, [2025] | Series: Animales superincreíbles | Includes index. | Ages 8–11 |Grades 2–3 | Identifiers: LCCN 2024023498 | ISBN 9781644667484 (library binding) | ISBN 9781644667569 (paperback) | ISBN 9781644667644 (ebook) | Subjects: LCSH: Camouflage (Biology)—Juvenile literature. | Adaptation (Biology)—Juvenile literature. | Classification: LCC QH546 .G7418 2025 | DDC 591.47/2—dc23/eng/20240620